农业生态实用技术丛书

稻萍鱼

生态种养技术

DAO PING YU SHENGTAI ZHONGYANG JISHU

农业农村部农业生态与资源保护总站　组编

应朝阳　主编

中国农业出版社

北　京

图书在版编目（CIP）数据

稻萍鱼生态种养技术 / 应朝阳主编.—北京：中国农业出版社，2020.5
（农业生态实用技术丛书）
ISBN 978-7-109-24600-3

Ⅰ. ①稻…　Ⅱ. ①应…　Ⅲ. ①稻田养鱼　Ⅳ. ①S964.2

中国版本图书馆CIP数据核字（2018）第211008号

中国农业出版社出版
地址：北京市朝阳区麦子店街18号楼
邮编：100125
责任编辑：张德君　李　晶　司雪飞　　文字编辑：谢志新
版式设计：韩小丽　　责任校对：刘丽香
印刷：北京通州皇家印刷厂
版次：2020年5月第1版
印次：2020年5月北京第1次印刷
发行：新华书店北京发行所
开本：880mm × 1230mm　1/32
印张：2.25
字数：45千字
定价：18.00元

农业生态实用技术丛书
编 委 会

本书编写人员

主　　编　应朝阳

副 主 编　徐国忠　李振武　邓素芳

参编人员　杨有泉　詹　杰　郑向丽

陈　恩　林忠宁

序

中共十八大站在历史和全局的战略高度，把生态文明建设纳入中国特色社会主义事业“五位一体”总体布局，提出了创新、协调、绿色、开放、共享的发展理念。习近平总书记指出：“走向生态文明新时代，建设美丽中国，是实现中华民族伟大复兴的中国梦的重要内容。”中共中央、国务院印发的《关于加快推进生态文明建设的意见》和《生态文明体制改革总体方案》，明确提出了要协同推进农业现代化和绿色化。建设生态文明，走绿色发展之路，已经成为现代农业发展的必由之路。

推进农业生态文明建设，是贯彻落实习近平总书记生态文明思想的必然要求。农作物就是绿色生命，农业本身具有“绿色”属性，农业生产过程就是依靠绿色植物的光合固碳功能，把太阳能转化为生物能的绿色过程，现代化的农业必然是生态和谐、资源可持续、环境友好的农业。发展生态农业可以实现粮食安全、资源高效、环境保护协同的可持续发展目标，有效减少温室气体排放，增加碳汇，为美丽中国提供“生态屏障”，为子孙后代留下“绿水青山”。同时，农业生态文明建设也可推进多功能农业的发展，为城市居民提供观光、休闲、体验场所，促进全社会共享农业绿色发展成果。

农业生态文明思想起源于古老的中国，中国自春秋时期就懂得用地养地的道理以及物理杀虫、人工除草等做法。农牧结合、稻田养鱼、桑基鱼塘等农业生态模式在历史上曾经极大推动了文明和经济的发展。当前，我国农业生态文明建设已进入提供更多优质生态产品以满足人民日益增长的优美生态环境需求的攻坚期，也到了有条件、有能力发展环境友好农业的窗口期。多年来，从事农业生态研究的学者和实践者扎根农业生产一线，按“整体、协调、循环、再生”的原则，围绕农业生态文明建设开展了广泛、系统的实践和研究，探索总结出了丰富多样的应用技术。

为推广农业生态技术，推动形成可持续的农业绿色发展模式，从2016年开始，农业农村部农业生态与资源保护总站联合中国农业出版社，组织数十位业内权威专家，从资源节约、污染防治、废弃物循环利用、生态种养、生态景观构建等方面，多角度、多要素、多层次对农业生态实用技术开展梳理、总结和归纳，系统构建了农业生态知识体系，编写形成了《农业生态实用技术丛书》。丛书中的技术实用、文字简洁、步骤详尽、脉络清晰，技术可推广、模式可复制、经验可借鉴，具有很强的指导性和适用性，将为广大农民朋友、农业技术推广人员、管理人员、科研人员开展农业生态文明建设和研究提供很好的参考。

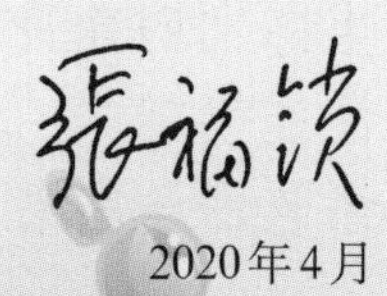

2020年4月

前言

世界农业始于约1万年以前，经历了由原始农业到传统农业，再由传统农业到现代农业的转变。随着现代农业生产技术的发展以及化学工业技术的不断进步，全球农业生产发生了根本性的变化，以“高投入、高能耗、高效率”为主要标志的现代农业在解决了人类吃饭问题的同时，也给环境和人们的健康带来了极大的危害。化肥、农（渔）药、激素等的过量使用与掠夺式的生产方式造成了空气、水域、土壤的严重污染，以及作物害虫的抗药性逐渐增强、害虫日益猖獗、天敌减少等一系列严重的生态环境问题。由于食物链的富集作用，有害物质在人体内越集越多，严重影响了人们的身体健康。传统的污染控制模式是对污染进行终端控制，这种方法只能防止污染物的排放，而不能减少污染源。随着未来人口的不断增长，人多地少和食品供不应求的矛盾就越显得突出，这将给农业的进一步发展带来更为巨大的压力。如何充分、合理地利用自然资源，力求在提高农产品产量的同时减少化学产品的投入，做到既改善农业生态环境，又能挖掘更深层次的生产潜力，提高资源利用率和经济效益，是当前农业界普遍关注的热点。

因此，具有安全、优质、高产、高效等优点的生态农业已逐步成为当代农业发展的主题，稻萍鱼立体种养模式是近年来生态农业发展的代表模式之一。

自1982年开始，福建省农业科学院就致力于稻田高效、低耗、低污染生产和改进土壤耕作体系的深入研究，利用红萍能固氮并提高蛋白质含量，在田间生长较快的特点，成功地研究出稻萍鱼共生体系，科学地将稻田养鱼和养萍结合起来，使稻、鱼双丰收。与此同时，红萍通过鱼的过腹还田，其氮素利用率比常规红萍单独作肥料（绿肥）处理提高了近18%，这是许多农艺措施都难以实现的。稻萍鱼生态模式显示出强大的生命力，该技术迅速在浙江、湖南、四川等省份广泛应用，稻萍鱼生态模式具有广阔的应用前景。

耕地和淡水是保证全球食物可持续供应所必不可少的资源，如何有效利用有限的水土资源，在保障食物供给的同时，降低农业生产过程对资源环境的负面影响，是当今世界农业面临的重大挑战。稻萍鱼生态系统，是通过有效利用水土资源的同时产出稻谷和水产品的重要农业方式，对保障区域食物供给和保护当地资源和环境有重要作用。稻萍鱼生态系统也由原来的传统栽培、规模小、养殖单一的模式逐渐发展为规模化、专业化、机械化和养殖多样化的模式。稻萍鱼系统可实现水稻产量稳定和获得水产品，同时具有减少农业中化肥、农药投入量和农业面源污染等效应。虽然全球24.45亿亩[*]稻田面积中90%以上具有发展稻萍鱼生态系统的潜力，但目前稻萍鱼生态系统的应用比例仍然很低，我国稻萍鱼系统面积应用面积仅占稻田面积的4.48%。因此，为促进稳产、高效、可持续的稻萍鱼系统发展，需要对不同稻作区发展稻萍鱼生态系统的生态经济可行性和适应性进行评估，同时必须建立并不断完善技术体系（田间设施、种养结合技术、农业机械等），并适当扩大规模和创建品牌以增加综合收益。

大量研究已表明，稻萍鱼生态系统在保障粮食安全，保护资源和环境方面具有重要意义。当今世界农业面临资源短缺、环境恶化和食物安全等重大挑战，因而稻萍鱼生态系统可获得很好的发展机遇。第一，由于海洋捕捞渔业对海洋生物多样性的影响，使水产养殖成为满足人类鱼产品需求的重要途径，内陆淡水养殖也日益受到重视。第二，淡水和耕地作为限制性资源日趋紧张。水产养殖和水稻种植的结合是提高有限的淡水和耕地利用效率的方式之一。第三，和其他产业相比，水稻种植经济效益低下的问题日益突出，农户种植水稻的积极性受影响，而稻萍鱼生态系统可降低农药、化肥的投入，在保证水稻产量的同时收获水产品，可显著增加农民收益，极大地促进农户种植

* 亩为非法定计量单位，15亩＝1公顷。

水稻的积极性，从而稳定水稻生产。第四，人们对于有机食品或绿色食品的认识正在逐步增强。由于稻萍鱼生态系统在生产过程中较少使用或不使用化学产品，产出的稻米或水产品更为消费者所青睐。

本书是作者研究团队长期研究结果的总结，主要介绍稻萍鱼生态系统的基本模式；着重阐述了稻萍鱼生态系统的关键技术，包括稻田设施建设、水稻栽培技术、红萍放养技术及鱼放养技术及稻萍鱼生态种养技术模式；并对稻萍鱼生态种养的经济效益、生态效益及社会效益进行分析。本书具有较强的实用性与操作性，是基层农业技术推广人员、专业户及农民实用的技术指导书，可供广大农民和农业技术推广人员学习使用。

编　者

2019年6月

目录

一、稻萍鱼生态系统

传统耕作制度下稻田生态系统由水稻、杂草、水生动物和土壤微生物组成，水稻品种、肥料和其他自然因素是影响水稻高产的主要因子，单纯依靠大量人工、无机肥和农药投入提高产量，造成环境污染、土壤退化、资源浪费和成本增加。稻萍鱼生态系统采用人工调控方法，改变传统耕作稻田的结构和功能，其核心是将单纯以水稻为主的稻田生物群体转变为稻、萍、鱼并重的生物群体，通过对红萍和鱼类种群结构的合理调控，改善稻萍鱼生态系统内部的物质循环和能量流动，并使其得以充分利用，从而减少成本，提高经济效益。

（一）稻萍鱼生态系统的内涵

1.稻萍鱼生态系统的基本内涵

稻萍鱼生态系统是在水稻田中放养红萍，作为鱼的饵料，红萍经过鱼的过腹还田作为肥料供水稻吸收，同时利用红萍的覆盖及鱼的捕食作用，减少稻田的害虫及杂草，从而减少农药、化肥的施用量，达到提高稻谷品质及水稻种植效益的作用。稻萍鱼生态系统的基本技术是在以水稻为主体的生物群体中加入红萍和鱼类，通过对红萍和鱼的人工调控而影响整个稻田生态系统（图1）。

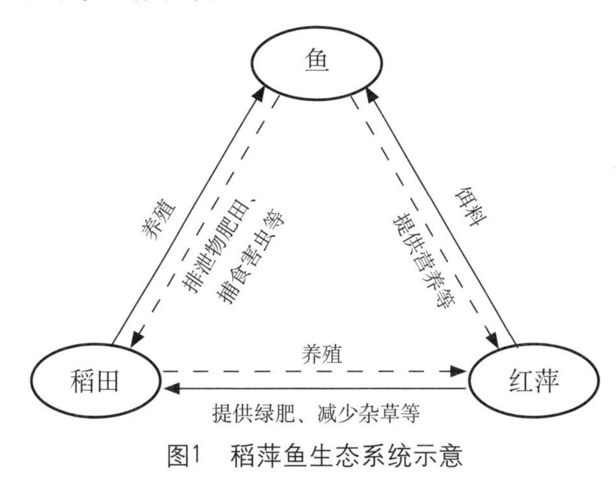

图1　稻萍鱼生态系统示意

2.稻萍鱼生态系统的基本特点

稻萍鱼立体种养技术是充分发挥水田各方面资源优势，扩大立体增产层面，科学利用生态环境，优化和协调稻田生态系统，促进增产增收的有效途径。稻萍鱼是“鱼吃萍除草、鱼排泄物肥稻、稻护鱼肥鱼、萍肥田助稻”的立体种养模式。水稻的根、茎、花、芽、种子等残体约有25%留于田中，是微生物、硅藻繁殖的物质来源，也为鱼直接或间接提供饵料。特别是水稻抽穗开花授粉后，颖花上的雄蕊及花粉掉落田中，成为鱼的食物且营养价值高，故有“禾花香，鱼儿肥”之说。稻田水深在5～20

厘米，由于水浅，水的交换量大，温差变化亦大，春季易升温。据观察，春季最高水温达34℃，最低水温也有22℃，比临近池塘水温要高2.5℃左右，有利于鱼生长。稻田施用农家肥及化肥，除一部分被水稻利用外，大部分被田中生物利用，杂草、浮游生物、有机腐屑及细菌大量产生，为鱼提供了大量饵料。稻萍鱼田中的鱼很少发病，主要是因为稻田的水质清澈、洁净，含氧量高，放养密度小，且鱼类多数摄食天然饵料，鱼体健壮，抗病力强。

3.稻萍鱼生态系统基本层次结构

稻萍鱼生态系统是以水稻为主体的三层次结构。第一层是伸出水面的水稻，第二层是水面养的萍，第三层是水里养的鱼；既是物种共生，又是种养结合。在该系统中，第一性生产力是水稻和红萍，它们依赖光合作用进行物质生产，存在着光能的合理分配问题；第二性生产力是鱼，它依赖萍提供一定的饵料，又需要有足够活动的水体，且与萍、稻都有密切的关系。因此，要创造合理的田间结构，需要协调稻、萍、鱼之间的关系。

4.稻萍鱼生态系统田间基本结构

稻萍鱼生态系统是一个比较完整的综合性技术体系。它包括畦沟工程，宽窄双垄稀植方式组成的田间结构，以稻、萍、鱼混养为主体的物种结构，以及以水、肥、药等为中心的配套管理技术。

（二）稻萍鱼生态系统的基本模式

1.平田式稻萍鱼生态模式

平田式又称鱼沟式、鱼溜式。要求加高加固田埂，田埂高50～70厘米，顶宽50厘米左右。田内开挖鱼沟或鱼溜，沟深30～50厘米，沟面宽30～50厘米。面积1亩以上的稻田要在田中央开挖“十”字形中央沟。中央沟和环沟相通（图2），环沟两端与进、排水口相接，整个沟的开挖面积占田面积的5%～8%。稻、鱼兼作养成鱼时，鱼的设计单产可在每亩30千克。若南方第一季种稻养鱼后，第二季只养鱼而不种稻时，设计产量可达每亩80～100千克。

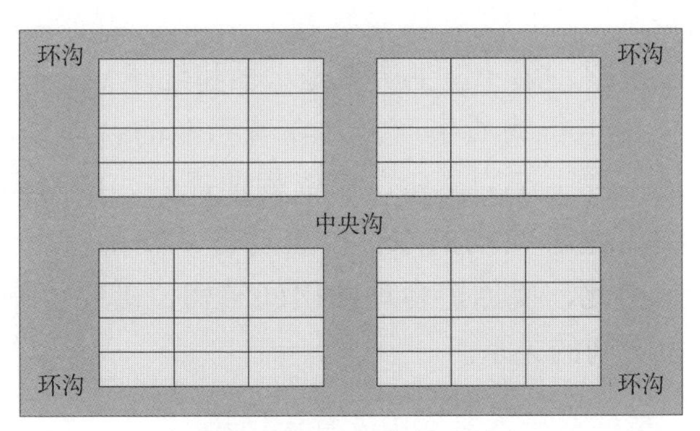

图2　环沟、中央沟示意

2.鱼塘式稻萍鱼生态模式

此模式的特点是在稻田内按一定比例开挖一个鱼塘（图3），鱼塘的面积为稻田面积的5%～8%，深

2.0 ~ 2.5米，一般设在稻田中央或背阴处，不能设在进、排水口或稻田死角处。鱼塘形状以椭圆锅底或长方形为好。鱼塘最好挖成二级坡降式，即在上部1米处按坡比1 ： 0.5开挖，而下部按坡比1 ： 1开挖，两部分中间留一宽30厘米的平台。有条件的地方，为保证不塌陷，用石条、石板、水泥板、碎石等护坡。为防止淤泥进入鱼塘，在塘口边缘筑高20厘米、宽20厘米的小埂。田的四周距田基3 ~ 3.5米处开挖一圈深40厘米、宽30厘米的环沟。鱼的设计单产为每亩50 ~ 70千克。

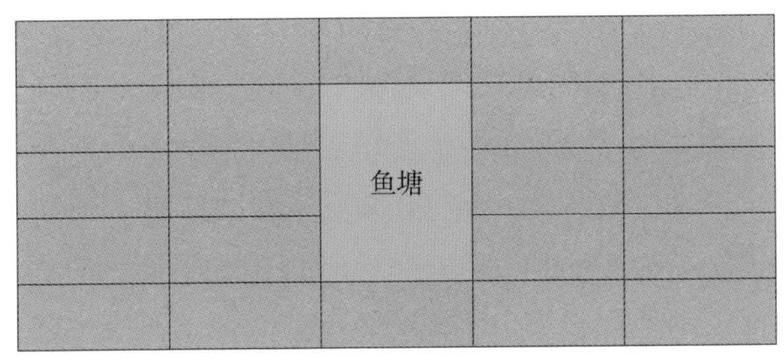

图3　鱼塘示意

3.沟池式稻萍鱼生态模式

此模式是水池和鱼沟同时设置（图4）。总开挖面积占稻田面积的10% ~ 15%，水池设在稻田进水口一端，开挖面积占稻田面积的4% ~ 8%，呈长方形，深1 ~ 1.5米，上设遮阳棚。水池与田交界处筑一高20厘米、宽30厘米的小埂。可据稻田面积大小设置环沟及中央沟，沟宽30 ~ 40厘米，深25 ~ 30厘米，中央沟呈“十”字形或“井”字形，沟、池相通。

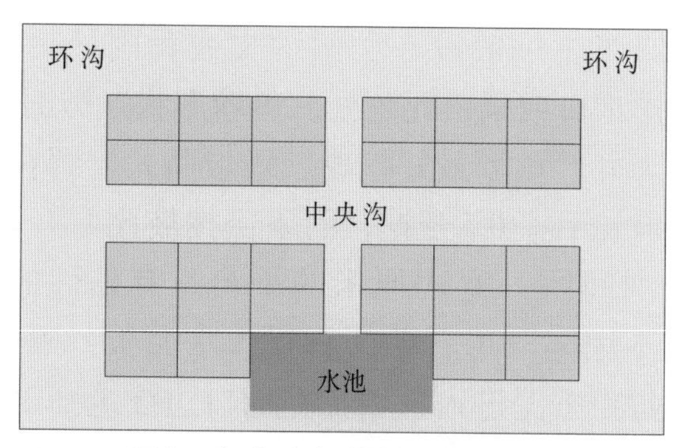

图4　水池及中央沟、环沟示意

4.流水坑沟式稻萍鱼生态模式

这是根据流水养鱼原理而设计的一种稻田养鱼模式。即在稻田的进水口1米处，开挖深1～1.5米，占稻田面积4%～8%的流水坑，又称宽沟，与稻田面交接处设高15厘米、宽20厘米的小田埂，小田埂与田间设2～4个缺口，使坑内水与田内水相通（图5）。

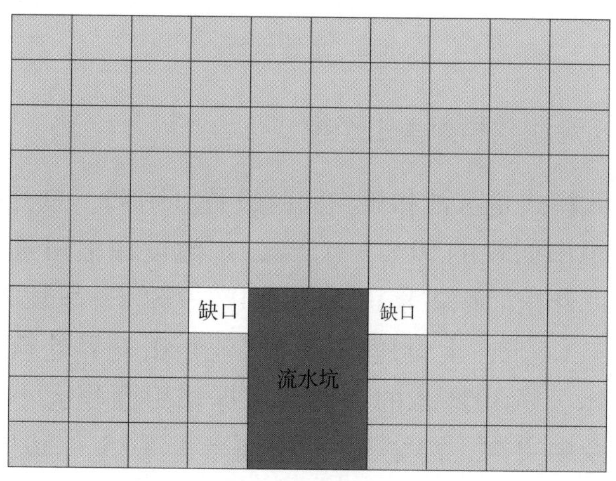

图5　流水坑与水田埂缺口示意

流水坑也可设在田中央。田中央设“十”字形中央沟，田四周设一圈环沟。沟的宽、深均为25厘米。沟、坑要相通。鱼的设计单产可在每亩50千克以上，但不超过80千克。

5.垄稻沟鱼式稻萍鱼生态模式

此模式较为科学。在稻田的四周开挖一圈主沟，沟宽50 ~ 100厘米，深70 ~ 80厘米。垄上种稻，一般每垄种6行水稻，垄之间挖沟，沟宽小于主沟。若稻田面积较大，可在稻田中央再挖一条主沟（图6）。总开沟面积占稻田面积的10%左右。设计养殖产量为每亩80 ~ 100千克。稻田养鱼方式各地可根据情况而定，如单季稻田兼作养鱼、双季稻田连作养鱼、冬闲田连作养鱼、稻田轮作养鱼和冬闲田深水养鱼等。

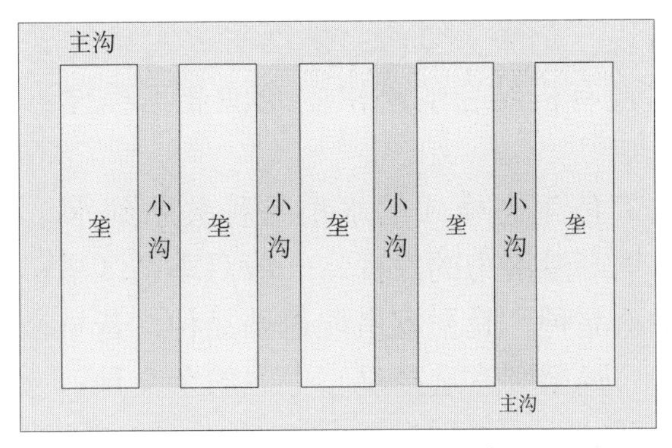

图6　垄、主沟与小沟示意

二、稻萍鱼生态种养关键技术

稻萍鱼生态种养依水稻的熟期、稻田的结构、水生经济动物的种类及搭配等因素可分为多种类型。如依水稻的生育期来分，有单季稻稻萍鱼共作体系（早稻田、中稻田或晚稻田）和双季稻稻萍鱼共作连养体系。从田间结构上来看，目前已从早期的平板式发展到流水沟式、垄稻沟鱼式等。一般采用一沟一垄，垄面种稻，沟中养殖，目前在我国西南地区广为应用。在长江中下游等地区目前主要采用“宽沟深田”式的稻田工程类型。稻萍鱼共作田间工程已初步形成以田埂、田块、鱼塘、鱼沟、排洪与进水系统五大基础工程建设有机结合的稻田生态渔业工程理论与技术体系。

稻萍鱼生态模式的水稻品种关系到水稻食用安全和水稻产量潜力的发挥。一般双季稻区早稻宜选择早、中熟品种，晚稻宜搭配迟熟品种，若早稻采用迟熟品种，晚稻则宜选择早、中熟的杂交种；选择早稻和再生稻的要求水稻品种生育期短、抗逆性好、头季产量高、再生芽成活率高；在单季稻区应选择生育期较长的迟熟品种，以生长期长、茎秆粗壮、耐深水、抗病、抗倒伏的紧穗型品种为宜。垄稻沟鱼式稻萍鱼生态种养在稻田开沟起垄种稻，可解决稻需浅水、鱼需深水的矛盾。鱼沟增多，使耕作层增厚，拓宽了水稻根系的伸展领域；垄上水位降低有效地增加了土壤热量，使土温升高，土壤的理化性状得以改善，供肥能力也随之提高，土壤中的有害物质积累减少，土壤微生物数量增加，活性增强，呼吸强度也显著提高，水稻边际优势明显，田间通透性改善，病虫害减轻。稻萍鱼生态模式水稻的种植密度方面，已有的研究均提倡实行稀植化管理，生产上提出了宽行窄株、双龙出海等水稻栽植方式。水体温度、溶氧、pH受水稻种植密度的影响较大，较低的种植密度可使太阳辐射直接穿透稻丛到达水体，增强水生生物的光合作用，提高生物量，并增加水体温度，提高水体溶氧水平和pH。

稻萍鱼生态种养模式中鱼种的选择很关键，一是食性上应是草食性及杂食性的种类，肉食性种类不适宜在稻田养殖。二是在生态条件的适应性上应具有适温广泛且适应温差变化大的种类，且能耐浅水和低溶氧条件，适温范围小并对温差变化反应敏感的种类不适宜在稻田养殖。三是在生活习性方面，应选择中下层栖息性的种类，上层跳跃性的种类不适于在稻田养殖。稻田水层直接影响水生经济动物的生存能力，有些虽不至于影响其生存，但表现为生长缓慢。

稻萍鱼生态种养稻田水层的管理，既要满足鱼生长的要求，又不能过分影响水稻的生长，因此生产上常常没有统一的形式，一般随水稻株型特征、季节及水稻施肥喷药操作来调控。稻田水位浅、水温高，易导致水质恶化，生产实践中常采取勤换水、调节水层深度、流水灌溉以及加大沟田比例等方法来调控水位与水质。养鱼稻田水层的深度应为常规稻田需水深度的2～3倍，从而在满足水稻生长需要的同时满足鱼的需要。对长期以稻萍鱼模式生产的稻田进行适时的水旱轮作，对改善稻田生态环境具有重要作用。一是轮作可减轻病虫草害，如一些生活在水中的病虫害在旱时即可消失，同样一些生长在旱处的病虫害在水中时也将消亡；二是轮作有利于土壤养分的充分发挥，鱼与农作物所需的土壤养分不完全一致，而且它们各自的代谢产物也正是对方所需的食物；三是轮作可改善土壤的通透性，以避免长期养殖造成水体淤泥过多，长期种植会造成土壤板结。

稻萍鱼生态种养模式，稻田施肥不仅可增加土壤的肥力，促进稻谷的增产，也有利于饵料生物如浮游生物和底栖生物的繁殖，从而促进鱼的生长，但肥料的种类、数量、施用时间及方法对水稻和鱼的生长发育均有很大影响，掌握好就能获得较高的产量和效益。养殖稻田应以有机肥为主，有机肥施入稻田后分解缓慢，对鱼等毒害小，且肥效长，可使水稻稳定生长，保持中期不早衰，还能调节土壤微生物的活动，增加土壤的缓冲性，防止土壤板结和渗水，一部分有机肥可作为鱼类的饵料。施用生物有机无机复合肥可以改善土壤结构，提高土壤供肥能力，增加微生物总量，增强酶的活性。稻田中氮的含量是决定稻田水体中浮游生物数量的重要条件之一，有机肥施用有利于浮游生物的繁殖。近年来有些地方采用一次性施肥法，将有机肥和无机肥混合后施用，或在耕田前分别施用，形成一种“全层”施肥法，不仅可以提高肥效，而且对鱼较为安全。我国西南地区，磷肥、锌肥、有机肥作底肥，氮肥70%作底肥，30%作追肥，这种“底七追三”重底早追的施肥方法，水稻增产效果明显。

鱼等生物的防治作用较大程度上减少了对水稻病虫害防治所需化学农药的使用量，减轻了对水稻、水产品及生态环境的污染，但并不能完全替代农药的作用。特别是在当前生产条件下，不少易发生的病虫害，当其达到或超过防治指标，采用药剂防治可直接快速发挥控害作用，确保丰产丰收的效果。稻田中害虫天敌是调节害虫种群密度、维持稻田生态平衡的重要因素，稻萍鱼生产模式下的水稻病虫害防治首先要倡导保护水稻害虫的天敌。有研究表明，稻田蜘蛛是水稻二化螟、稻纵卷叶螟、稻飞虱、叶蝉等害虫的天敌，其捕食的害虫种类较多。在稻田耕翻前放水泡田，待蜘蛛等天敌迁移到田块杂草和其他作物上，再进行耕翻，有利于保护天敌；放松对次要害虫的防治，也有利于稻田天敌种类和数量的增加。多数除草剂、杀虫剂、杀菌剂等化学农药对鱼等水生经济动物具有毒害作用，因此，正确选择农药品种及使用方法是稻萍鱼生产模式安全生产的关键。过多使用稻田杀虫剂对鱼类的养殖影响较大，采用有害生物综合防治，例如提高稻田水位，增加沟田面积等措施可以稀释进入稻田水体的杀虫剂浓度，从而减轻对鱼类的危害，增加稻田中鱼的产量。

（一）稻田设施建设

1.开挖鱼坑、鱼沟

鱼坑、鱼沟（图7）占稻田面积的8%～10%。鱼坑设在进水口位置，深100～150厘米，宽、长视稻田面积大小而定。鱼坑挖出的土方可作为坑埂和加高加固四周田埂，鱼沟分主沟和支沟，主沟宽80厘米、深50厘米，与鱼坑相通；每隔15～20米挖一支沟，支沟宽40厘米、深30厘米，与主沟相通。主沟与支沟形成“丰”字形，沟坑相通。鱼坑、主沟应在插秧前挖好，支沟应在插秧后开挖。

图7　稻田鱼沟

2.筑田埂

四周筑高40厘米、宽35厘米的硬田埂。

3.鱼坑进排水口设置

鱼坑进排水口设置应符合稻田养鱼技术规范。

进排水口设在稻田相对两角田埂上，用砖、石砌成或埋设涵管，宽度因田块大小而定，一般为40～60厘米，在排水口一端田埂上开设1～3个溢洪口，以便控制水位。

（二）水稻栽培技术

1.水稻栽培

（1）稻田选择。应选择水源充足、天旱不干、暴雨不涝、保水保肥、易排易灌的田块。

（2）水稻品种。选择抗病性强的水稻品种，再生稻栽培区选择再生能力强的水稻品种。

（3）稻田施肥。以有机肥为主，化肥为辅。有机肥选用尿素、过磷酸钙、硫酸钾、复合肥等。基肥每亩施有机肥150～250千克，追肥每亩每次施尿素5千克或复合肥10千克。施化肥分两次进行，每次施半块田，间隔10～15天施肥一次，不得直接撒在鱼坑、鱼沟内。

（4）插秧。插秧以宽窄行方式进行。插秧规格要求宽行50厘米，窄行14厘米，株距10厘米。插秧10

天后，秧苗扎根返青，开挖支沟。

（5）水稻病虫防治。稻种宜选用抗病（虫）的新品种，减少使用农药。防治水稻病虫害，应选用高效、低毒、低残留农药。农药具体使用应符合稻田养鱼技术规范的要求。施药前，先疏通鱼沟、鱼坑，加深田水至10厘米以上或将田水缓慢放出，使鱼集中于鱼沟、鱼坑中，再施药。粉剂在早晨有露水时喷施，水剂在露水干后喷施，使药物喷洒在水稻植株上。

2.水稻收割

水稻收割与常规水稻收获方式相同，采用水稻垄畦栽培水稻产量可比常规稻田有所提高。图8为水稻测产。

图8　水稻测产

（三）红萍放养技术

红萍是一种高固氮的水生蕨类植物，繁殖快，产量高（一般每亩可产鲜萍4 000 ～ 5 000千克），营养丰富（干物质含粗蛋白20%～ 30%），蛋白质含量高，既能作饵料，又可作有机肥，具有广阔的养殖前景和利用价值。

1.红萍品种选择

适宜稻萍鱼生态种养的红萍品种主要有蕨状满江红、墨西哥满江红、卡州满江红、小叶满江红、闽育1号小叶萍、回交萍3号等品种。

（1）蕨状满江红。又称细满江红，细绿萍。原野生于美国北部阿拉斯加及南部各州，南美洲的智利、玻利维亚、巴西及欧洲和澳大利亚亦有分布。该种具有耐寒、湿生、快繁、高产、耐盐、不耐热等特性，叶边缘白色或浅红色（图9），萍体较大，叶色绿（图10），其个体形态可随萍群密度的增加，从平面浮生型向斜立浮生型和直立浮生型演变，三种形态萍体的繁殖速度、抗逆性和结孢率均有差别（图11）。三者群体产量均较高，鲜重亩产可达5 000千克以上。

（2）墨西哥满江红。原野生于南美洲北部、北美洲南部（包括墨西哥等地）和中美洲一带。萍体呈分支状平面浮生（图12），绿色并带有红色边缘（图13），

图9　蕨状满江红叶边缘白色或浅红色

图10　蕨状满江红萍体较大，叶色绿

图11　蕨状满江红平面浮生

图12　墨西哥满江红平面浮生

图13　墨西哥满江红叶边缘红色

较耐热，30℃下仍能生长，但不耐寒，10℃以下即停止生长，5℃即枯死，繁殖率和单位面积产量均较低。

（3）卡州满江红。原野生于北美洲东部，加勒比海沿岸和西印度群岛。15 ～ 25℃为最适生长温度，光照、营养适宜时，萍体宽1.2 ～ 1.7厘米，叶色紫绿，萍壮、叶厚、根多，较长时间不分萍、不搅动，平面浮生（图14）可多层叠生；在逆境下，萍体宽0.8 ～ 1厘米，叶边缘红色（图15）叶色红紫至黄紫

（图16）。该品种较耐热、耐寒，较耐阴，抗病虫，可湿养，周年繁殖速度较稳定。

图14　卡州满江红平面浮生

图15　卡州满江红叶边缘红色

图16　卡州满江红萍体较小，叶色红紫至黄紫

（4）小叶满江红。野生于南美洲西部和北部、北美洲南部及西印度群岛。植株三角形或多边形，平面浮生或斜立浮生于水面（图17），具芳香味，故又称芳香满江红。叶子边缘白色（图18），萍体较大，萍体呈三角形或多边形，叶色黄（图19）。生长适宜温度15 ~ 25℃，在30 ~ 35℃下繁殖也较快，较抗热，但耐寒性较差。

图17　小叶满江红平面浮生

图18　小叶满江红叶边缘白色

图19　小叶满江红萍体较大，萍体呈三角形或多边形，叶色黄

（5）闽育1号小叶萍。闽育1号小叶萍平面、斜立或直立浮生（图20），叶边缘浅红色（图21），萍体较大，叶色黄绿（图22）。该品种为有性杂交育种后代，母本为小叶满江红，父本为蕨状满江红，具有耐热、耐阴、耐盐、高产、质优等特点，目前已在生产上广泛应用。

图20　闽育1号小叶萍平面浮生

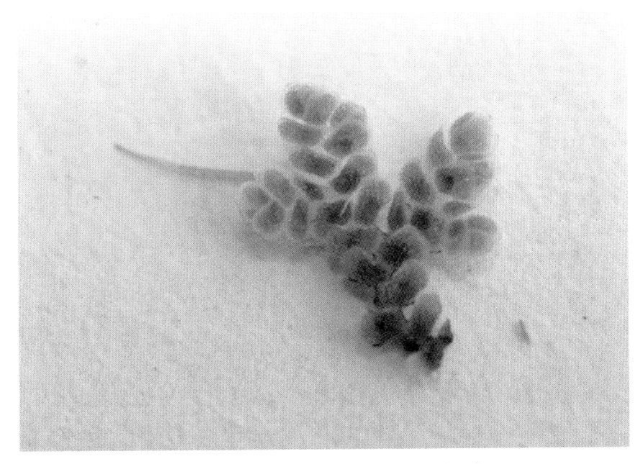

图21　闽育1号小叶萍叶边缘浅红色

图22　闽育1号小叶萍萍体较大，叶色黄绿

（6）回交萍3号。回交萍3号平面、斜立或直立浮生于水面（图23），叶边缘白色或浅红色（图24），萍体较大，叶色黄绿（图25）。该品种为有性杂交育种后代，父本为榕萍1号，母本为小叶满江红，通过回交育成，具有耐热、耐阴、耐盐、高产、质优等特点，目前已在生产上广泛应用。

图23　回交萍3号平面浮生

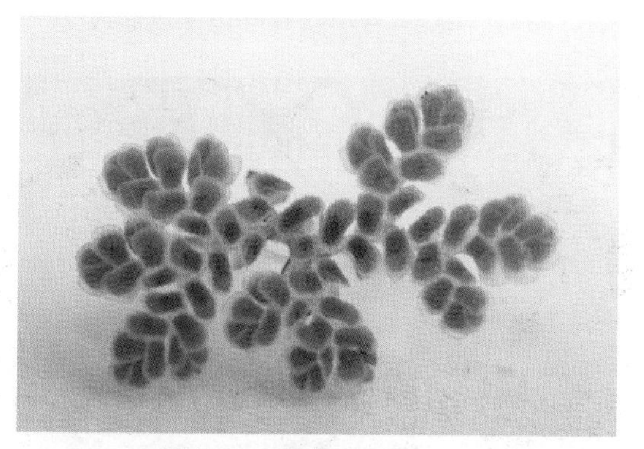

图24　回交萍3号叶边缘白色或浅红色

图25　回交萍3号萍体较大，叶色黄绿

2.稻田放萍

插秧前10 ~ 15天，稻田保持5厘米水层，每亩稻田均匀撒入红萍100 ~ 150千克。根据不同萍种的特性，可以进行混合养殖，以延长红萍的养殖时间。如细绿萍、卡州萍、闽育1号小叶萍混养，可在福建等南方地区一年中的大部分时间生长。

3.红萍的培养与使用

红萍生长高峰期捞取过剩红萍进行晒干或青贮；夏季鱼类饲料短缺时，将晒干或青贮的红萍加入一些精饲料作为饵料投喂。

（四）鱼放养技术

1.鱼类品种

以草鱼、罗非鱼为主，辅以鲤鱼。草鱼：罗非鱼：鲤鱼以1 ：3 ：1的比例为宜，每亩稻田放养鱼苗500 ~ 600尾，罗非鱼、鲤鱼放养大规格鱼种，草鱼放养夏花苗。

2.鱼坑消毒与培肥

鱼坑用生石灰进行消毒，用量200 ~ 250克/米^3。2 ~ 3天后，在鱼坑水体中施入腐熟粪肥4 ~ 5千克/米^3，放入红萍0.2千克/米^{3}养殖。

3.鱼苗消毒和暂养

鱼苗投放鱼坑前，要用3%～4%的食盐水浸浴鱼苗5～10分钟进行消毒。

鱼坑经过消毒和培肥水体10～15天后，将已消毒的鱼苗放入鱼坑暂养（图26），每天早、晚观察鱼苗的生长活动情况，注意适当补充青草、麦麸、豆饼等饵料。

图26　稻田鱼苗放养

4.鱼病防治

采用“预防为主，防治结合”的原则，鱼种入稻田前须严格消毒，草鱼病采用免疫方法防治。在鱼病多发季节，每15天可投喂一次药饵。发现鱼有病症，及时对症治疗。

5.鱼的喂养

插秧前放萍，此时由于鱼小，食量小，可以让鱼自由取食红萍。夏季，红萍受病害危害，生长量往往满足不了鱼的食用量需求，此时可以补充晒干的红萍或青贮的红萍，还可以在稻田中放养一些夏季生长快且鱼喜食的芜萍、浮萍、紫萍等。

6.鱼类收获

稻谷即将成熟或晒田割谷前，当鱼长至商品规格时，就可以放水捕鱼；冬闲水田和低洼田养的食用鱼或大规格鱼种可养至第二年插秧前捕鱼。捕鱼前应疏通鱼沟、鱼坑，缓慢放水，使鱼集中在鱼沟、鱼坑内，在出水口设置网具，将鱼顺沟赶至出水口一端，鱼落网后捕起，迅速转入清水网箱中暂养，分类统计。渔获物中草鱼个体体重在0.4 ~ 0.6千克，可以作为池塘继续养殖的大规格鱼苗。罗非鱼、鲤鱼个体体重在0.2 ~ 0.5千克，作为商品鱼直接上市。稻萍鱼田每亩可以增收商品鱼50 ~ 70千克，增收500 ~ 600元。

（五）稻萍鱼生态种养技术模式

1.垄畦式稻萍鱼生态模式

（1）起垄畦、挖沟坑。早稻田在2月底前，按畦宽100厘米、沟宽35厘米、沟深20厘米的规格作垄畦；单季稻田在3月底前，按畦面宽120厘米、沟宽40厘米、沟深20厘米以上的规格作垄畦，实行垄畦法栽培。面积在0.5亩以上的田块还须挖1 ～ 2条宽60 ～ 80厘米、深40 ～ 60厘米的“十”字沟或“井”字沟，此外还应每亩挖1个深1 ～ 1.2米，面积20米^{2}的鱼塘（坑），为鱼的生长、栖憩创造有利条件。

（2）水稻种植。应选用分蘖强、丰产性能好的品种，如威优35、汕优64，单季晚稻如汕优67等；培育壮秧，插足基本苗，单季晚稻亩插1.4万丛，连作晚稻亩插1.8万丛。

（3）养鱼技术。一是要做好防逃设施，田埂要筑高到50 ～ 60厘米，并用石块、木桩加固，修好进、出水口；鱼栅进水口宽30 ～ 40厘米，出水口宽50 ～ 60厘米，并设2 ～ 3个出水口，以防暴雨淹灌逃鱼和保证流水畅通。二是要选育良种混合放养，鱼种要合理搭配，一般亩放养数控制在400 ～ 600尾，其中鲤鱼约占60%，草鱼约占25%，罗非鱼和白鲢约占15%。三是要在放鱼前将坑塘中淤泥挖出回田，堵住漏洞，并以每立方米水体施200 ～ 250克生石灰的用量对鱼塘（坑）进行消毒，待8 ～ 10天毒性基本消失后放鱼。四是要选择体质健壮、无病害、长势一致的鱼种（苗）；放养前用3%～ 4%的食盐水浸洗鱼体5分钟左右，然后投入消毒后的坑塘中。五是要掌握放养时间，隔年（冬片）鱼种在2月底前放养，最迟不超过3月中旬；鲤鱼夏花5月套养，草鱼夏花6月套养，相同品种应一次性放养，放养鱼苗宜选择晴天进行，遇严寒、大风天不投放。六是要在大田插秧、施用化肥、农药时将田水放浅，把鱼赶入坑内投料喂养。七是要做到人工定点、定时、定量投料，一般投饲时间在9：00或16：00左右。八是要科学利用饵料和肥料，调节好水质，并做到每隔15～20天泼洒一次药物，做好鱼病防治工作。

（4）养萍。应以养红萍为主，可把细绿萍、卡州满江红、小叶萍、回交萍等几个品种混养，以延长供萍时间。冬季应选择避风向阳、排灌方便的田块作为萍母繁殖基地。

（5）施肥管理。在水稻移栽前要施足基肥，基肥要占总施肥量的80%，追肥占20%。基肥撒施在畦面上，清沟清到畦边，此时把鱼赶入坑内投料喂养。

（6）水稻病虫害防治。养鱼稻田在防病治虫时，应灌深水防治，提高稻田容水量，降低农药浓度，减轻对鱼的毒害。喷雾要均匀，尽量减少在坑、沟上喷雾，同时要选择高效、低毒农药。使用过农药的喷雾器严禁在本田里清洗，鱼田的上游田也应严禁使用剧毒农药，以免串水伤鱼。

（7）鱼的喂养与捕获。在稻苗返青后，把田水降到沟边，畦面干干湿湿，鱼可以在沟、坑中活动，这样可防止稻苗被草鱼吞食，也有利于提高土温，促进水稻发棵。传统稻田养鱼是5月中旬插秧后（单季稻）放养鱼苗，9月中旬断水收鱼，鱼在大田的实际生长时间只有100多天，鱼的适生期仅利用1/3，白白浪费光温资源，且部分鱼要隔年再养才能上市。对此，冬闲田可采用全年养鱼，种一季稻，1年捕两次，即8月初和11月下旬，捕大留小。春花田则以冬片鱼苗为主，4月上旬放养，11月上旬捕鱼，可延长鱼的生长期。

2.稻萍鱼"五改"配套技术模式

稻萍鱼"五改"配套技术主要是将稻萍鱼立体种养技术，从原来"以水稻为主、鱼类自然生长"，转向"以鱼为主、人工饲养控制、稻鱼并收、追求经济效益"的种养模式。

稻田养萍、养鱼增产增收潜力大，但要最终获得高产高效，还有许多制约因素：一是化肥、农药的施用和中耕、晒田会对鱼生长有影响；二是系统中主要生物对水的要求不同，鱼需要较深水层，水稻需浅水，浅水有利于水稻生长，长期淹水则对水稻生长不利；三是随着温度升高，萍的繁殖速度不易控制，如繁殖过快将影响稻、鱼正常生长；四是稻田水浅，水温、水质不稳定，不利于鱼类躲避敌害；五是由于田埂薄弱，鼠、鳝钻洞和洪灾易引起溢顶崩堤逃鱼，影响鱼存活率。实施稻萍鱼"五改"配套技术，能突破上述制约因素，创造适宜稻萍鱼生长的生态环境，起到良好效果。具体操作如下：

（1）建设鱼坑。选择排灌方便、水源充足、旱涝保收、水质无污染的田块作稻萍鱼田。并挖好鱼坑后石砌。石砌永久鱼坑的优点：可以扩大鱼养殖规模，产生固定的丰产片；能保证坑内水深长年达1.0 ~ 1.5

米；不会因农事操作而使泥土堵满鱼坑；使大田具备不同深度的水层，解决稻、鱼对水深的不同要求，优化稻、萍、鱼的生长环境，成为鱼栖息、避暑、定点投饵场所；可随时关闭坑内进、出水口，解决稻田因施肥、施药、晒田带来的不利影响。石砌体上底宽0.25米，下底宽0.45米，高1.5米，深1.0～1.3米，呈长方形或半圆形，占本田面积3%左右，位置挖在田埂进水口处。开好三级沟，即主沟、网状沟和畦沟。主沟是在鱼坑口沿田埂宽0.8米、深0.4～0.5米的大型主沟，并围小田埂与大田隔离；网状沟是根据田块大小每6～8米开“十”字沟或“井”字沟，沟宽0.4～0.5米，深0.3～0.4米；畦沟占本田面积4%～5%。坑、沟串通灌溉，水先进坑后经沟流出可自成灌溉体系。水稻采用畦栽，按畦宽1.2米，沟宽0.3米，沟深0.3米作畦种稻。其他田间工程设施包括加固、加高田埂，并在埂上种豆，进出水口插拦鱼栅，坑堤上种南瓜等，搭棚遮阳避暑。

（2）选用超级杂交稻种植。超级稻植株高大，茎秆粗壮，大穗型，较耐深水，可提高水位0.1～0.2米。据考种对比，Ⅱ优航1号、两优培九等超级稻株高125厘米，比汕优63高20厘米。种植超级稻比种一般杂交稻生长优势强，增产潜力大，每亩可增产150～200千克。配套的稻作技术推行宽窄行畦栽，整平田后待泥浆沉实再按畦宽1.2米、沟宽0.3米、沟深0.3米整畦，畦上按宽窄3对6行插秧。培育大苗壮秧，插足基本苗，每亩插1.8万～2万丛，杂交水稻插2粒谷，基本苗插足8万丛左右。推广全层施肥来减少施肥次数，有机肥以基肥为主，追肥为辅，避免鱼、萍受肥害。插秧前每亩田施农家肥500 ~ 800千克、碳酸氢铵35 ~ 40千克、过磷酸钙30千克作基肥，基肥约占总施肥量的80%。插秧后7 ~ 8天，每亩施氮磷钾复合肥25 ~ 30千克后中耕，搁田复水后看苗情补施复合肥10 ~ 20千克作为幼穗分化肥。养好萍的主要措施是选适宜萍种，主要有细绿萍、卡洲萍、小叶萍、回交萍，根据各地气候条件选择适宜当地养殖的红萍品种。养好越冬萍母保证春天有足够萍种，可选择多萍种混养，使鱼在大田饲养期间有较均衡的萍饵料供应。

（3）综合防治病虫害。按照无公害生产技术要求，使用低毒、高效、低残留农药防治螟虫、飞虱、叶蝉、稻纵卷叶螟、稻蓟马、黏虫等。禁止使用毒土或粉剂农药，防止鱼中毒。

（4）多鱼种混养。加大鱼种投放量，彻底改变稻萍鱼生态模式以稻为主，鱼不投饵料让其自然生长的旧种养思路，转向以鱼为主，追求经济效益的新思路。该模式适合养殖杂食性强的鱼类，如草鱼、罗非鱼、鲢鱼、鲫鱼、鲤鱼等。于整田完成后（3月中旬）或插秧返青后（4月20日左右）投放足量鱼苗。从原来每亩投长12 ~ 20厘米草鱼60 ~ 80尾、长5 ~ 10厘米鲤鱼100尾或罗非鱼150尾，增加到投放长12 ~ 20厘米草鱼120尾、长5 ~ 10厘米鲤鱼300尾或罗非鱼400尾。田间及鱼种消毒需要每亩用石灰

25千克加水溶解撒施于田面和沟坑消毒，待毒性消除后再投放鱼种。鱼种投放前要用2%食盐水在田头浸泡3～5分钟，待鱼体消毒处理后再放入水田。

（5）人工投饵料辅助饲养。投放饵料可增大鱼放养量，优化放养品种结构，大幅度提高鱼产量。所投饵料通常有嫩草、菜叶、豆饼、米糠、菜籽饼和人工配合饵料等。

3.北方稻萍鱼生态模式

（1）稻田鱼沟工程。鱼沟水面占稻田面积的35.7%，每15亩约有1 317米^{3}水体。具体做法：距稻田的田埂周围60～80厘米处（为防止鱼逃跑，栽2～3行稻）挖围沟，上宽80厘米，深60厘米，下宽40厘米；然后每隔220～240厘米（前者畦田为“大养稀”栽培，插6垄稻，后者畦田为“三早”栽培，插7行稻）挖鱼沟，上宽70厘米，深40厘米，下宽30厘米；畦向以东西方向为宜，有利于萍的繁殖，如以稻、鱼双丰收为目的，可在进水口处挖深1～1.5米的长方形鱼坑，一般坑占稻田面积的2%～3%。另在进水口处设好栅栏，每公顷工程约需120个人工即可完成。

（2）插秧方式。传统的稻田养鱼工程简单、管理粗放，插秧行密等，这种空间结构不利于鱼体活动，更不利于萍的繁殖。本模式通过几年的实践摸索又借鉴“大养稀”的稀植栽培模式，充分利用边际效应优势，达到省工、省成本、高产、高效益的栽培效果，为畦田栽稻施用宽窄双行插秧方式奠定了有利基础。宽窄双行（图27）超稀植（12.5穴/米^2）的优点：①既能保证每公顷水稻的基本苗数，又能充分利用水稻的边际效应。②改善稻体通风透光条件，减少病虫危害，促进水稻产量增长。③为萍体繁殖提供良好的光照条件，增加萍的光能利用率，有利于增加萍的产量。④扩大鱼的活动水体，有利于鱼商品率提高。因此，宽窄双行超稀植是协调稻、萍、鱼三者共生互惠的技术关键。

宽行
窄行
宽行
窄行
宽行
窄行
宽行

图27　宽窄双行插秧方式示意

（3）鱼放养方式。鱼种是稻萍鱼体系结构的重要组成。鱼种结构要合理安排，鱼种选择既要考虑与稻、萍的关系，也要考虑混养时鱼种之间的关系。稻萍鱼生态模式即以萍作为主要饵料，在鱼种选择上要以草食性的草鱼为主，辅以鲤鱼。因草鱼最大特点是食草量大，据测定0.5千克重的草鱼一天能吃0.25～0.5千克重的草料，所以排泄粪便也多。草鱼肠道中由于缺乏纤维素酶，只能吸收细胞内的原生质，不能被消化的植物细胞壁随粪便排入水中，经腐烂后有肥水作用，因此单养草鱼短期会使水质变肥，长期则使水质变差。混养鲤鱼对提高水质有较好的效果。还可利用草鱼粪便培养浮游生物，使水质不致变得过分污浊。鲤鱼是杂食性鱼，是我国最古老的稻田养殖鱼类。鲤鱼适应性强，耐低氧力强，病害少，易饲养管理。花、白鲢鱼属上层鱼类，稻田养鱼水体较小，水温高，且售价较低，所以一般放养较少。鱼放养密度应据稻田水源、水质条件，萍的种源、场地及其放养方式，畦沟比例和补充料源情况等适当增减，以提高鱼的产量。

(4) 红萍放养。红萍在稻萍鱼模式中起着营养源的作用，能否利用萍的养殖来提高稻萍鱼模式的功能，关系到该模式下水稻和鱼的产量。北方气候寒冷，在萍种选择上以耐寒的细绿萍和杂交萍等品种为主，还要考虑放萍量和时期。

(5) 鱼的放养。稻萍鱼模式以萍作为主要饵料，以精饵料为辅，在鱼种选择上以草鱼为主，适当搭配些杂食性的鲤鱼，草鱼与鲤鱼的比例1 ∶ 1为宜；反之，根据条件要以精养为主，以萍为辅的应多放养些鲤鱼，草鱼可作为搭配鱼种，其比例为2 ∶ 1或3 ∶ 1。

(6) 水肥管理。对稻萍鱼生态系统来说，水浆管理是协调稻、鱼生长的主要技术。在水稻生育前期为了促进分蘖，宜浅水灌溉，尽量控制水层不上畦面，避免草鱼伤害水稻；生育中后期为了壮秆、促熟，提高成熟度，应采取干湿间歇灌溉。

4.高山无公害稻萍鱼生态种养模式

在海拔高度600 ~ 1 000米的高山地区推广应用稻萍鱼生态种养模式可增加农民收入。高山无公害稻萍鱼生态种养的主要技术要点如下：

（1）稻田选择。选光照条件好，土质保水保肥，水源方便，排灌自如，交通便利，相对连片的1亩以上田块。

（2）稻田工程。①开挖坑塘，加宽田埂。坑塘的位置可根据田块实际情况设置，一般设在靠近灌溉渠方向，也可设在稻田中央，面积约占大田的10%，深度要求1米以上，形状为椭圆形、圆形、长方形、方形等。坑塘距上坑、外田埂宜1米以上。开挖坑塘的土及大田的沟土挑到田四周加固以防倒塌，塘与大田间筑高、宽各50厘米的小田埂，其上可种瓜、豆、菜或鱼草。四周田埂加高至0.8 ~ 1米，埂面宽50厘米以上，有条件的可砖砌或水泥抹面，形成夏秋是坑、沟，冬春是田塘的稻田养鱼模式。②埋设进排水管。靠近灌溉渠的进水管可采用长0.8米、直径6 ~ 10厘米的竹筒，并用纱窗布包裹，防止野杂鱼进入坑塘及鱼逆水逃逸；排水管安排在大田鱼沟连接处。③大田鱼沟。在挖塘的同时，沿坑塘连接处向大田开挖一条宽80厘米、深30 ~ 50厘米的大鱼沟，并要求水田中耕时（插秧后10 ~ 15天），每隔20米开挖多条小鱼沟，宽50厘米、深30厘米，形成“十、四、中、开”等形状，与坑塘或大鱼沟相通，沟中禾苗向两边移植。以后每月将大小鱼沟里的淤泥清理一次，保持鱼沟畅通。

（3）鱼种放养。①清整坑塘。于4月中旬在坑塘边围一浅水区，挖一深约30厘米，面积3 ～ 6米^{2}的小塘，并用生石灰200 ～ 250克/米^{3}消毒，于4月下旬在浅水区每平方米施腐熟粪肥1千克，并保持水位30厘米左右，以保温、保肥。②鱼种放养。在施基肥约1周后即放养鱼种前，以3%的食盐消毒后放养在浅水区，注意温差不超过3℃，鱼种放养按稻田面积每亩放养2 ～ 3厘米的建鲤200 ～ 300尾，同时施腐熟粪肥1千克于坑塘中，并逐步加深水位。③鱼种强化培育。夏花鱼种下塘入大田前，首先在浅水区喂豆浆10天，按每亩稻田150克/天磨成豆浆，投喂3天后改成400克/天，再投喂3天后改750克/天，视气温变化直至水温达18℃以上，适时将鱼苗赶入坑塘喂养。此时喂细糠10天，开始按每亩500克/天投喂，之后逐步增加，然后再投喂10天左右的菜籽饼，每亩100克/天。注意适时放水，以免缺氧，屯养期间，基肥应每隔2 ～ 3天追施一次。④鱼种入田管理。大约6月中下旬禾苗返青时，适时将鱼放入大田，定期消毒防治鱼病，继续投喂适量菜籽饼，直至10月初。

（4）日常管理。①大田培肥育饵。当鱼种在坑塘进行强化培育时，大田内应施足有机肥，亩施150 ～ 200千克，在耙田插秧时，投放细绿萍母50千克，田螺数千克，以培育鱼种适时饵料。②日常管理。鱼种流放大田后，每隔2 ~ 3天施1 ~ 2千克的腐熟粪肥或新鲜粪肥，并注意适时在大田中增补细绿萍母。在鱼种下大田后的整个养殖过程中，应经常巡视坑塘和大田田埂，使坑塘始终保持微流水状态，并做到防逃、防洪、防旱、防偷、防病虫害及其他生物侵害。③稻、鱼矛盾的解决。水稻采用重施基肥，少施追肥的方法，基肥占全年总施肥量的70% ~ 80%。追肥若用碳酸氢铵，则先施一边，第二天或第三天施另一边。对于水稻病虫害防治，按常规施用量喷撒低毒、低残留农药不会造成对鱼的危害，但要禁用高毒、高残留农药和除草剂。施药时先撒一边，第二天或第三天撒另一边。烤田、收割与稻田养鱼的矛盾，可通过提前3 ~ 4天疏通鱼沟，缓慢排水，赶鱼进坑塘屯养，加强人工投喂，适时换水解决。

三、稻萍鱼生态种养效益分析

稻田养鱼是我国一种传统的生态农业模式，迄今已有1 700多年的历史，20世纪50年代曾被大面积应用，全国推广面积达1.5亿亩以上，但到60至70年代，稻田养鱼出现了严重回落，面积不足1 500万亩。21世纪以来，我国逐步开展生态农业的理论研究与广泛实践，稻田养鱼又成为一项提高水稻产量和生态经济效益的重要技术措施，呈现出向规模化、标准化、基地化和产业化方向发展的趋势。同时，稻田养鱼模式也由原来的平田式发展到垄稻沟鱼式、鱼函式、沟池式、流水坑沟式等多种形式。目前，随着环境和食品安全问题的出现，这种模式又焕发出新的活力。

稻田养鱼形成复合生态系统，在这个共生系统中，水稻是主体，为鱼提供清新阴凉的水生环境，水中滋生的杂草、浮萍及大量的浮游生物、细菌絮凝物等又为鱼提供天然饵料。鱼可捕食害虫，控制水稻无效分蘖，且鱼的活动有利于田间通风透光，减少水稻病害发生。在觅食过程中，鱼搅动田水和土壤，促进养分的有效转化。同时，鱼饵料残渣及粪便也为水稻生长提供了丰富的营养。实践证明，稻田养鱼具有较好的经济、生态和社会效益。

稻田养鱼是种植业和养殖业的有机结合，是集传统农业、生态农业和现代高产低耗农业为一体的复合型农业，具有良好的经济、生态和社会效益。从经济效益看，由于不同地区采用的模式和方法不同，其经济效益也各不相同。据报道，与同地区的水稻常规栽培方式相比，稻田养鱼平均每亩每年增加的收入从60到1 000元不等。从生态效益来看，稻田养鱼是种养结合、稻鱼共生互补的农田生态系统，融种稻、养鱼、蓄水、增肥于一体，具有生物除虫、除草以及中耕施肥等多种生态功能，在某种程度上可以代替或减少化肥及农药的使用，减少环境污染，具有明显的生态效益。从社会效益看，稻田养鱼有利于区域生态环境的改善，有利于绿色食品、有机食品的生产和人们身体健康，有利于增加农民收入，有利于农业结构调整和新农村建设。因此稻田养鱼是解决“三农”问题的有效途径之一。

一般在鱼沟、鱼坑占地12%～15%的情况下，水稻产量不低于传统种稻方式，且可节省50%～60%的化肥、30%～50%的农药，鲜鱼亩产达40千克以上，每亩净增收400元以上。推广稻萍鱼体系综合技术非但不影响水稻产量，还可增加稻田鱼类产出和动物蛋白质来源，提高经济效益，对改变食物结构具有重大意义；此外还可提高农民种稻积极性。若能在全国稻田面积的5%（2 400万亩）推广该模式，以每亩产鲜鱼150千克增收500元计算，仅此一项全国每年可多产鱼3.6亿千克，增收12亿元，其社会、经济效益都非常显著。

（一）经济效益

1.垄栽稻萍鱼生态种养经济效益

水稻垄栽加深了耕层，提高了水温和土温，较好地协调了稻田水、肥、气、热的关系，可避免单季晚稻移栽后“前期不发，中期坐蔸，后期贪青”的问题。因此，返青明显快于常规田，分蘖比常规田早2 ~ 4天，分蘖势强，成穗率高。同时，立体种养要求开鱼沟、挖鱼塘，从而改善了稻田的通风透光条件，扩大了边际效应，提高了光能利用率，这不但提高了水稻产量，还有利于鱼苗成活。

试验表明，由于实行了起垄栽培，通气和光照条件明显改善，边行优势充分发挥，加上垄厢土壤增温快，昼夜温差大，有利于促进水稻早生快发。主要表现在水稻根系生长发育旺盛，分蘖数量及根长增加，且分蘖期提早，分蘖节位降低。盛期考察结果表明，垄栽区与对照区比较，平均每蔸水稻总根数多56条，增加22.6%；其中每蔸白根数多18条，增加32.1%，单株根长增加2.7厘米。水稻移栽返青后考察结果表明，垄栽区与对照区比较，水稻分蘖时间提早3 ~ 4

天，分蘖节位下降一个叶节，普遍从第四叶节开始分蘖。早稻分蘖率增加39.9%，成穗率高2.9%；晚稻分蘖率增加26.9%，成穗率高5.7%。垄栽区水稻根系的生理机能旺盛，有利于促进地上部分的生长，与对照区比较，孕穗期植株叶面积系数高24%。同时，垄栽区根系衰老速度相对延缓，水稻生长发育后期功能叶寿命延长。成熟期考察结果表明，垄栽区与对照区比较，单株功能叶数平均多0.7片，增加34.8%，因而，有利于改善水稻经济性状和提高产量。成熟期经济性状考察和测产验收结果表明（表1），垄栽稻

表1　垄栽稻萍鱼生态种养经济效益

项　目	稻萍鱼种养水稻产量（千克）	常规稻种植水稻产量（千克）	稻谷增产（%）	鱼增加产量（千克）
早稻	268.25	231.65	15.8	—
晚稻	314.4	286.2	9.9	—
早、晚两季稻	582.65	517.85	12.5	—
产鲜鱼	63.7	0	—	63.7

萍鱼模式与常规栽培比较，早稻每穗实粒数多7.7粒，空壳率低1.6%，实际每亩产稻谷268.25千克，比常规栽培增产36.6千克，增长15.8%；晚稻每穗实粒数多11.4粒，空壳率低1.3%，实际每亩产稻谷314.4千克，比常规栽培增产稻谷28.2千克，增长9.9%。早、晚两季每亩产量为582.6千克，比常规栽培增产64.8千克，增产12.5%。垄栽稻萍鱼立体种养结合，有利

于提高稻田养鱼的鲜鱼产量。一是稻田水体扩大，而且浅水区与深水区结合，有利于鱼类的生长。据测定，湘北地区垄栽稻萍鱼模式产区每公顷稻田水体总量达1 650米^3，比常规栽培增加630米^3，增加62%。二是红萍为鱼类提供了充足的饵料。据测定，草鱼摄食红萍的饵料系数为49.02，尼罗罗非鱼为52.16，湘鲫为31.31。一般垄栽稻萍鱼模式每亩产鲜萍3 120千克，如用来饲养草鱼和尼罗罗非鱼，每亩可产鲜鱼63.7千克，经济效益显著。

2.非垄栽稻萍鱼生态种养经济效益

生产实践表明，非垄栽稻萍鱼生态种养对水稻有明显的增产效果，经大面积生产实际调查，水稻产量比常规种稻高5%～12%，单季稻一般亩产稻谷500千克左右，水稻平均穗数、结实粒数、结实率和千粒重明显提高，其产量由高到低顺序为稻萍鱼模式>稻萍模式>常规模式稻。非垄栽稻萍鱼体系在保证水稻产量的前提下，增加了商品鱼和鱼苗产量，鲜鱼亩产45～65千克，同时非垄栽稻萍鱼模式减少了化肥（减少化肥50%～60%）和机耕成本等，明显提高了稻田产值，实现了种地养地结合，提高了土壤肥力，深受农民欢迎。试验表明，稻田养鱼可促进水稻有效分蘖，其有效穗数、穗粒数及千粒重均比常规稻田高。稻田鱼的活动能起到松土、增温、增氧，增强土壤通气性以及根系活力等作用，使得稻穗长，颗粒多，籽粒饱满，水稻增产。杜汉斌等的研究也表明，非垄栽稻萍鱼生态种养的水稻颗粒饱满，结实率、千粒重均较高。高洪生研究得出，养鱼稻田在分蘖、孕穗及抽穗期，株高分别比常规田高1.1厘米、10.8厘米和11.2厘米，而且养鱼田水稻一般比常规田早抽穗2 ~ 3天。王华等的研究得出，稻田养鱼区早稻成穗率为71.3%，比常规种植高2.9%，每穗实粒数比对照多7.7粒，空壳粒较常规种植低1.6%。赵连胜报道，稻田养鱼后，水稻分蘖率比常规种植田增加7%左右，成穗率增加4.6% ~ 5.2%，千粒重增加0.3 ~ 0.4克。吴宗文的研究显示，稻田养鱼可促进根的呼吸和发育。以上研究报道证实了稻田养鱼对水稻群体结构和生长状况的改善，为水稻增产奠定了基础。

（二）生态效益

稻田垄作稻萍鱼立体种养充分利用了水、热、光、气资源，减少了因稻田杂草和浮游生物等造成的物质与能量的外溢，使稻田的生态系统趋于良性循环。垄栽稻田养萍，通风透光好，可延长红萍的繁殖利用期，大幅度提高鲜萍产量，并有利于红萍湿养越夏，提高萍的利用价值。稻萍鱼立体种养生态环境中形成了一条萍养鱼助稻、鱼肥稻、稻护鱼的生态食物链。实践表明，绿萍覆盖水面，可抑制田间杂草生长，起到生态除草的作用；水稻免耕插秧，有利于化肥深施，提高肥料利用率；鱼的活动能促进土壤中有机质的分解，提高土壤肥力，同时还能大大减轻水稻病虫害的发生和危害。

垄栽稻萍鱼立体种养结合，为红萍生长繁殖创造了优越的环境条件。红萍生长最适宜的温度为20℃左右，田间相对湿度为80%～95%，光照为25 000～47 000勒克斯。稻田套养红萍，适当的水稻叶面积群体，为红萍起到了遮阳作用，提供了适宜的温度、湿度、光照和水分条件，延长了红萍的生长期。稻萍鱼种养田中沟、垄相间，有利于红萍湿润养殖，为大量萍体落于垄面进行湿养越夏提供了适宜的场所。立体种养中的鱼类能吃掉红萍的主要害虫如萍螟、萍灰螟、萍丝虫和萍蚜虫等，减轻红萍虫害。垄栽稻萍鱼模式产区，每平方米萍体的虫口密度为0.2条，只有常规稻田的18.6%。鱼类摄食红萍，能及时降低萍体密度，减轻霉腐病的危害，促进红萍生长繁殖。垄栽稻萍鱼产区红萍霉腐病的发病率只有对照区的6.2%，平均每公顷产鲜萍46 800千克。

红萍中氮的转化。红萍所固定的氮是稻萍鱼体系中氮素的重要来源，研究表明，红萍作为鱼的饵料被食用后，红萍中有24%～30%的氮被鱼体吸收，经鱼消化后其排泄物中的氮素17%～29%被水稻吸收，23%～42%留在土壤中，2.6%～3.1%留在稻田水体中，14%～15%流失。红萍压施作基肥也是稻萍鱼体系氮素的重要来源。红萍压施入土7～42天内，其矿化量占总量的1/2，15 ～ 21天为矿化高峰期，水稻生长可利用红萍基肥氮素的48.83%，故水稻生长所需氮素70%左右可由红萍提供。

萍中钾的转化。红萍具有较强的富钾能力。研究表明，水稻正常生长所需钾浓度比红萍所需约高30倍，稻株生理需钾临界值比红萍约高10倍。水稻吸收钾的浓度为8毫克/千克，而红萍吸钾高峰为0.85毫克/千克，说明红萍可富集吸收水稻无法利用的低浓度钾。试验表明，水稻生长所需的70%钾素可由红萍压施来提供。研究表明，在稻萍鱼体系中红萍16.9%的钾素被鱼类吸收利用，经鱼体消化后其排泄物中19.3%的钾素被水稻吸收，63.8%的钾素留在土壤中，从而提高了土壤肥力水平。红萍腐解后，钾素主要以缓效钾形式存在，因而流失少，可供水稻各生育期吸收利用。

研究表明，压施红萍及鱼食红萍消化后排泄物还田，可节省化肥，减少稻田化学污染，提高土地肥力，改善地力。据连续6年定位试验测定，稻萍鱼体系田面土壤有机质含量由3.18%提高至4.61%，全氮由0.213%提高至0.307%，全磷由0.144%提高至0.151%，且速效养分水平及土壤物理状况均有不同程度改善。土壤速效养分与植株氮、磷、钾养分的小区对比试验结果表明，植株全氮含量随水稻生长而呈减少趋势，稻萍鱼体系处理各生育期氮含量均高于常规种植处理，其趋势与土壤养分变化一致。稻萍鱼体系处理土壤速效氮含量略有增加，土壤供氮能力平稳而充足。稻株钾含量变化表现为早季稻两头高中间低，晚季稻反之，各生长阶段稻萍鱼体系稻株钾含量均略高于常规种植处理。稻萍鱼体系土壤速效钾含量与稻株钾含量相对应变化，即稻萍鱼体系中土壤速效钾含量高时，其稻株钾含量也高；稻萍鱼体系中土壤速效钾含量低时，其稻株钾含量也低。

稻株磷含量变化随水稻生长而下降，水稻磷含量前期各处理差异不大，后期稻萍鱼体系水稻磷含量高于常规种植，土壤有效磷含量也略高于常规种植，这表明在减少化学肥料投入的情况下稻萍鱼体系土壤供肥能力仍然平稳，可满足水稻生长需要。

稻萍鱼体系对控制稻田甲烷排放的作用有关研究发现，大气中甲烷平均含量已增至1.8毫升/米^3。甲烷温室效应是二氧化碳的20～60倍，为此联合国粮食及农业组织将甲烷确定为环境中重要的微量污染物质之一。大气中10%～20%甲烷来自稻田，而我国稻田面积占世界总量的20%，控制我国稻田甲烷排放十分必要。连续3年试验测定表明，常规种植稻田甲烷排放量为4.73毫克/（米^2·时），而稻萍鱼体系稻田甲烷排放量明显减少，为1.71毫克/（米^2·时）。但沟坑中甲烷排放量为13.10毫克/（米^2·时），由于稻萍鱼体系沟坑占田地面积的12%，故稻萍鱼体系甲烷排放总量比常规种稻少34.6%。4～8月稻萍鱼体系与常规种稻处理甲烷排放量随气温上升而增加，8月后甲烷排放量随气温下降而下降，表明甲烷排放量与气温呈正相关关系。5月稻萍鱼体系放养鱼苗后，沟坑甲烷排放量迅速上升，田间甲烷排放量保持较低，但稻萍鱼体系平均甲烷排放量少于常规稻田。试验结果表明，施用化肥后甲烷排放量逐渐上升，施肥后4～5天达到高峰，而后下降。稻萍鱼体系化肥施用量仅为常规稻田的30%，故其甲烷排放量低于常规稻田。

稻萍鱼体系可减少水稻病虫草害，节约农药及除草剂。研究表明，红萍对水稻纹枯病菌核萌发有物理阻隔和化学抑制作用，稻萍鱼体系水稻纹枯病发病率为一般田块的1/3左右。鱼吞食稻飞虱和螟虫等水稻害虫可少施农药50%，减少农药污染；鱼类觅食田中杂草，稻萍鱼体系中鱼量较大，使稻田基本无杂草存在，可减少除草剂的施用。与常规种稻相比，稻萍鱼体系中可减少稻飞虱48.9%～65.1%、枯心苗40%～46.2%、纹枯病45.5%～53.3%和稻田杂草发生率99.5%，化肥用量节省70%左右。

总之，稻萍鱼体系能培肥地力，抑制杂草生长，减少病虫害，同时能显著改善水环境。具体如下：

1.培肥地力

稻萍鱼立体种养可提高大田土壤肥力。其原因有三个方面：一是鱼在畦田中游动、觅食、翻钻等可增加水中溶氧量和土壤中含氧量，进而改善土壤通透性，加速有机质的分解以及潜在养分的转化和渗透，协调土壤中肥、水、气、热之间的关系，有利于稻体根系吸收养分、水分；二是鱼类的排泄物和萍体脱落残体的腐解增加了畦田有机质及其他养分的输入，从而改善了土壤肥力结构，实现了用地与养地结合；三是抑制畦田杂草生长，减少肥料及土壤养分的消耗。

研究表明，鱼食用萍后排出粪便中的氮素对畦田土壤具有培肥作用，红萍饵料对鱼有增重作用。鱼摄食的红萍约有30%以鱼粪便排出，若以每亩产50千克鱼计算，需摄食红萍37 500 ～ 45 000千克。采用氮标记研究结果表明，红萍不同养用方式中，鱼食用萍后氮的利用有明显效应。红萍经鱼吸收转化为粪便排出后再经水稻吸收利用，萍体中氮的总利用率达到67.76%；而红萍直接作基肥，氮素利用率仅为46.06%；直接作追肥，氮素利用率只有51.6%。由此可以看出经鱼转化后氮的利用率明显提高。用有氮标记的红萍作为罗非鱼的饵料后，鱼体含氮量达2.41%，其氮丰度从0.336 6%提高到0.343 1%，可见红萍的氮通过鱼体消化后有利于植物性蛋白的转化，对鲜鱼增重和提高土壤肥力均有好处。

鱼吃萍、杂草，除30%～40%被消化外，还有60%～70%以粪便形式排泄到田中，起到积肥增肥作用。据资料分析（表2），草鱼粪含氮1.1%、磷0.43%，每亩稻田中鱼排出的453.6千克粪便，相当于给稻田施纯氮4.99千克、磷1.95千克。另据调查，养鱼田比非养鱼田有机质可增加0.4倍、全氮增加0.5倍、速效钾增加0.6倍、有效磷增加1.3倍（表2）。

表2　稻萍鱼体系培肥地力情况

项目	亩增氮效果（纯氮/千克）	亩增有机质（倍）	增加全氮（倍）	增加速效钾（倍）	增加有效磷（倍）
效果	4.99	0.4	0.5	0.6	1.3

水稻土在淹水的情况下，有机质分解速度比较慢，腐殖化程度高，肥效较长，养分损失少，但如果长期淹水，土壤还原性加强，则会产生多种有机酸和硫化氢等有害物质，影响水稻根系呼吸及养分吸收。当稻田养鱼养萍之后，由于鱼觅食翻钻，水与空气不断接触，可增加水和土壤中的氧气含量，提高土壤通气性，促进有机质分解，使养分均衡分布，加快养分渗透，有利于稻根的营养吸收及生长发育。

稻田养鱼可以改善土壤养分、结构和通气条件，且对土壤肥力的影响较显著。鱼的破土打破了土壤胶泥层的覆盖封固，增大土壤孔隙度，有利于肥料和氧气渗入土壤深层，起到深施肥料、提高肥效的作用。同时鱼在稻田中的活动起到了中耕松土作用，降低了土壤容重，增大了土壤孔隙度。刘振家认为，稻田养鱼可以改善土壤团粒结构。高洪生的研究指出，稻田养鱼可以增加土温，养鱼田10厘米、15厘米耕层土温日平均值比常规田分别高出0.4℃和0.5℃。彭廷柏等报道，养鱼田影响到土壤水稳性团聚体的特性和组成，促进土壤有机质分解，使容重降低，孔隙度增加，通透性改善，其水、肥、气、热状况均优于一般非养鱼田。李月梅研究表明，鱼的粪便回田，起到了肥田作用，其中土壤有机质含量的增加最为显著，速效钾也有所增加，氮、磷的变化不明显。曹志强等的研究显示，养鱼稻田的有机质含量为2.15%（平均值），比对照田2.01%的含量提高6.96%，尤其是养鱼田上层有机质含量增加明显。廖庆民等发现，养鱼稻田比对照田有机质含量高0.112%，碱解氮高6.81毫克/千克。杨勇等的研究表明，稻田养鱼可以改善稻田耕作层土壤物理化学性质，与对照相比，养鱼田土壤容重减少15.15%，总重孔隙度增加14.64%，有机碳、全氮、碱解氮、有效磷和速效钾分别增加4.8%、6.61%、20.93%、72.39%和36.67%。杨富亿等在东北苏打盐碱地进行了稻鱼苇蒲生态种养开发试验，研究该模式对盐碱土壤环境的影响，结果表明，开发后土壤有机质含量增加96.8%，盐分含量下降43.6%，全量氮、磷、钾质量分数分别增加47.8%、114.2%、194.2%，碱解氮、有效磷、速效钾质量分数分别增加60.7%、162.5%和218.5%；阳离子交换量、盐基总量分别增加8.21%和27.71%；土壤腐殖质以富里酸为主，提高了36.15%；养鱼稻田的土壤微生物总量明显高于未养鱼田，优势种为放线菌。吴宗文等进行的稻萍鱼立体种养试验表明，稻田每亩产鱼达150千克，土壤有机质含量由2.43%提高到4.2%，全氮由0.109%提高到0.26%，全磷由0.09%提高到0.13%，全钾由1.09%增加到2.09%。

培肥地力主要在以下三个方面：

（1）改善了土壤物理性状。稻田起垄栽培，沟、垄相间，能增加地面和大气的接触面积，扩大土壤与大气之间气体和热量的交换，也为垄厢土壤创造了毛管水长期浸润的优势生态环境，这样的垄厢土壤可以吸收较多的辐射能，提高土温，增大昼夜温差，有利于土壤胶体的活化，从而改善土壤水稳性团聚体的特性和组成。研究结果表明，起垄栽培与平栽稻田比较，大于0.01毫米和大于0.001毫米的水稳性微团聚体含量分别比常规稻田增加13.4克/千克和15.1克/千克；小于0.01毫米土粒团聚体量比对照增加37.1克/千克，团聚度比对照提高了6.2%。垄栽稻萍鱼立体种养，不仅能增加土壤水稳性团聚体的数量，而且能改变水稳性团聚体的组成。

垄栽稻萍鱼立体种养，在沟、垄相间的微地形影响下，垄厢耕作层全部依靠沟内水不断补给毛管水，排除自由水（灌溉重力水），保证垄体内结构处于稳定和水、气、热调和的状态，使土壤理化性状得到明显改善。试验结果表明，垄栽稻萍鱼模式田与平栽稻田比较，自然状况下土壤容重和烘干后土壤容重分别减少0.06克/厘米^{3}和0.17克/厘米^3，土壤总孔隙度增加2%，平均活性还原物质含量下降0.166毫摩尔/千克，活性锰占全锰的含量下降2.4%，活性铁占全铁的含量下降1.1%，土壤氧化还原电位提高76毫伏。

连续3年试验结果，养萍比不养萍表现为抗压强度和容重降低，而微团聚体和孔隙度增加，持水能力提高，表土层增厚，土色加深，耕性大为改善，为水稻生长发育提供适宜的土壤条件，尤其是为低洼冷浆型稻田土奠定了有利基础。

(2)提高了土壤氮、磷及有机质含量。稻田实行起垄栽培后，一方面改善和协调了土壤的水、热、气状况，另一方面鱼粪和红萍残体腐解，增加了有机肥料，为土壤微生物的生长和繁殖创造了适宜的环境条件。据测定，杂交榕萍鲜体含水量约占鲜重的92.5%，干物质约占7.5%。杂交榕萍在生长繁殖过程中，经常有枯叶老根脱落，两周内，其落根量可达鲜重的47.5%。死亡的萍体陆续腐烂，有机质逐渐进入土层，试验结果表明，杂交榕萍的干物质在1年内约有35微克/克转化为土壤有机质。即50千克干萍可转化为1.75克土壤有机质，而50千克稻草只能转化为1.25克土壤有机质。3年测定结果表明，养萍稻田土壤有机质比不养萍的增加0.130 0 ~ 0.397 7微克/克；全氮含量增加0.009 1 ~ 0.092 6微克/克；全磷含量增长0.011 7 ~ 0.053 1微克/克。显然稻田养萍可卓有成效地培肥地力。

(3)增加了土壤中速效养分。在垄栽稻萍鱼模式的生长季对土壤取样测试，土壤中碱解氮、有效磷、速效钾等养分均有明显变化。经3年对比试验，养萍稻田比不养萍稻田碱解氮含量增加幅度为32.4 ~ 63.1微克/克，增长19.2 % ~ 40.2 %；有效磷含量增加幅度为5.9 ~ 70.6微克/克，增长32.2% ~ 381.0%；速效钾含量增加幅度为49.3 ~ 79.5微克/克，增长53.5% ~ 80.8%。由此得知，稻田养萍土壤中养分含量有所增加，土壤理化性状得以改善，土壤肥力得以提高，既能改土肥田，又可获得较理想的优质饵料，深受农村养殖专业户欢迎。因此，发展稻田养萍不仅可获得低成本氮、钾肥和有机肥，而且为农村发展畜禽鱼等养殖业解决了饲料来源，也是促进农业生态良性循环的有效途径。

土壤有机质的矿化和土壤养分的转化释放速度加快，土壤活性有机质及碱解氮、有效磷、速效钾养分含量增加。研究结果表明，垄栽稻萍鱼产区与对照区比较，土壤有机质矿化率提高0.042个百分点，土壤活性有机质含量增加0.8克/千克，碱解氮增加5.8毫克/千克，有效磷增加0.3毫克/千克，速效钾增加3.4毫克/千克。

（4）土壤微生物总量增加。由于垄栽土壤的通气状况明显改善，氧化还原电位经常保持较高的数值，以及土壤养分含量也有所增加，因而有利于土壤有益微生物的活动，土壤微生物总量显著增多。据测定，垄栽稻萍鱼模式产区早稻土壤微生物总量为16 530万个/克（干土），比常规稻田多3 770万个/克（干土），增加29.5%；晚稻为25 760万个/克（干土），比对照多3 480万个/克（干土），增加15.6%。

2.减少病虫害

据澄照乡农业技术推广站1995年对33.5亩稻萍鱼立体种养田的调查，稻飞虱高发期（8月8日）立体种养田平均丛带害虫1.32只，比常规栽培田少了4.98只；纹枯病丛发率仅5.1%，比常规栽培田的

12.6%低7.5%，其他常见病虫害如稻纵卷叶螟、白叶枯病、稻曲病等的发生率也明显比常规栽培田低。因此稻萍鱼立体种养可减少农药尤其是剧毒农药的使用，有利于发展无公害农业和促进农业的可持续发展。

鱼能捕食多种农业害虫，如稻飞虱、叶蝉、稻螟蛉、食根金花虫、稻象鼻虫等。据田间调查，稻萍鱼田比常规稻田稻飞虱减少8.3%，三化螟减少3.76%。虫害使世界水稻减产34%，稻田养鱼可明显减少水稻的虫害。养鱼稻田的虫口密度为0.8只/米^2，而未放养鱼种的对照田，其虫口密度为1.9只/米^2。鲤鱼对稻田中的昆虫有明显的吞食能力，特别是对稻飞虱、泥苞虫有控制作用。鱼的活动使第三代二化螟的产卵空间受到限制，降低了第四代二化螟的发生基数，对二化螟的危害也有一定的抑制作用。赵连胜的调查表明，鱼能吃掉稻田中50%以上的害虫，养鱼稻田比不养鱼稻田的三化螟虫卵少8 ~ 12倍，稻纵卷叶螟少8倍，稻飞虱少2.6倍，稻叶蝉少4倍。沈君辉等1985—1987年在浙江上虞、萧山和黄岩的试验表明，稻田放养草鱼、鲤鱼和罗非鱼后，早稻第三代白背飞虱虫口减少34.5% ~ 74.3%，晚稻第五代褐飞虱减少51.4% ~ 55.5%，早稻第二代二化螟下降44.3% ~ 51.1%。Vromant等的研究显示，与对照田相比，稻田养殖鲤鱼和尼罗罗非鱼对水稻幼虫数量的控制率为93%，对成虫数量控制率达68% ~ 83%。Teo研究不同品种的鱼对稻田福寿螺进行的控制试验表明，鲤鱼可有效捕获稻田福寿螺，控制率达90%。Vromant等还报道，稻田养鱼对稻田轮虫有一定的控制作用，但对水稻叶蝉的控制作用并不明显。从目前各地的研究结果来看，稻田养鱼对稻飞虱和泥苞虫的控制作用显著，对稻纵卷叶螟、螟虫、稻叶蝉、轮虫和其他害虫防治效果不一，有待进一步研究。

鱼类的吞食对水稻病害也具有一定的抑制作用。在稻田养鱼系统中，鱼捕食水田中的纹枯病菌核、菌丝，从而减少了病菌侵染来源，同时纹枯病菌多致使水稻基部叶鞘发病，鱼类争食带有病斑的易腐烂叶鞘，及时清除了病原，延缓了病情的扩展。曹志强等进行的田间调查结果表明，稻鱼共生田水稻纹枯病发病率为4.7%，明显低于常规稻田的8.5%。此外，沈君辉等的试验表明，养鱼田的稻株枯心率和白穗率明显比对照田低。

3.改善水体环境

（1）增加稻田水中溶氧量。红萍有固氮、富钾的功能。它生长繁殖速度快，蛋白质含量高，是食草鱼类的好饵料。稻萍鱼模式田由于水稻、萍及浮游植物的光合作用，放出大量氧气，同时稻田水浅，地势开阔，大气中的氧气易溶解于水中，因此稻田水中溶氧量较高。据对建宁县溪口镇半元村、金溪乡水西村、客坊乡里元村三地稻萍鱼模式田测定，4月15日、5月15日、6月15日、7月15日稻萍鱼模式田溶氧量分别达3.2、6.8、8.8、12毫克/升，与养鱼池塘的3.2、5.5、

7.3、11.2毫克/升相比，分别高0、1.3、1.5、0.8毫克/升。因此，稻萍鱼模式田中的鱼新陈代谢旺盛，饵料利用率高，生长快。

水温是稻田养鱼的重要环境参数，稻田水温对鱼的生长速度与有效生长期、饵料的转化率与投喂的时间分配等都有影响。曹志强、赵连胜等研究表明，养鱼稻田水中溶氧量明显高于一般水稻田。溶氧增加，既有利于鱼本身的生长，又改善了田间土壤的通气状况，有利于水稻根系的生长发育。廖庆民等研究指出，鱼的活动使田中上、下层水对流增加，提高了稻田水温，从而有利于水稻的生长。刘乃壮等通过对稻田水温特性的研究也证实，鱼在水中游动，使得养鱼稻田水比一般的稻田水浑浊，而在同样的光照下浑水比清水的温度高，所以稻田养鱼有利于提高水温。高洪生研究指出，稻田养鱼后，昼夜水日平均温度比常规稻田高0.5℃，水中溶解氧也高于对照田，而pH明显低于对照田，氧化还原电位平均比对照田高5.3毫伏。刘元生等研究表明，养鱼田水溶性氮、磷、钾含量均高于对照田。Vromant等研究指出，养鱼后，水稻生物量及叶绿素a含量增加，溶解氧含量降低，稻田水体和土壤孔隙水中磷酸盐含量减少，铵盐含量增加。总体看来，稻田养鱼后稻田水体氮、磷、钾含量增加，水温升高，pH降低，氧化还原电位增加，水中溶氧增加。

（2）减少甲烷和氧化亚氮排放。甲烷和氧化亚氮是大气中重要的两种痕量气体，其对全球温室效应的贡献仅次于二氧化碳。农业生产对全球温室气体排放的贡献率约为20%，其中，稻田是农业系统的主要类型，在我国分布广、面积大。

研究表明，养萍和不养萍稻田甲烷排放量分别为0.19 ~ 26.50毫克/（米^2·时）和1.02 ~ 28.02毫克/（米^2·时），平均值分别为9.28毫克/（米^2·时）和11.66毫克/（米^2·时），养萍稻田甲烷排放量低于常规稻田，养萍稻田甲烷排放高峰比常规稻田约提前1周，高峰期后排放量迅速降低；养萍稻田和常规稻田氧化亚氮排放量分别为50.11 ~ 201.82微克/（米^2·时）和28.93 ~ 54.42微克/（米^2·时），平均值分别为40.29微克/（米^2·时）和11.93微克/（米^2·时），养萍稻田氧化亚氮排放量高于常规稻田。稻田水排干后，两种稻田氧化亚氮排放量均迅速上升。养萍稻田和常规种植稻田的甲烷与氧化亚氮排放量的影响因子有所不同。综合考虑甲烷和氧化亚氮两种温室气体，甲烷仍是稻田温室效应产生的主要贡献者，红萍可使位于沿海区域的福州平原稻田综合温室效应贡献率下降17.3%。

养萍稻田和常规稻田甲烷排放量均有明显变化，总体上呈现先升高然后迅速降低的趋势。养萍稻田甲烷排放量在6月11日测定出现最高峰，峰值为26.50毫克/(米^2·时)，之后迅速下降，直至水稻成熟一直保持在较低的排放范围内。常规稻田呈现的甲烷排放量变化趋势与养萍稻田相似，但常规稻田内的排放高峰期比养萍稻田约推迟1周，峰值为28.02毫克/（米^2·时）。在整个观测期间，养萍稻田较常规稻田甲烷排放量减少2.38毫克/（米^2·时），且二者具有极显著差异。

养萍稻田和常规稻田氧化亚氮排放呈现与甲烷相似的规律。从观测日开始到5月底，有2次较为明显的波动，整个6月，两种处理稻田氧化亚氮排放量始终维持在一个较为平稳的状态，并且在此阶段，养萍稻田氧化亚氮排放量始终高于常规稻田。7月10日稻田排干晒田，两种处理氧化亚氮排放量分别达到最高值201.82微克/（米^2·时）和54.42微克/（米^2·时）。

气温和土温对两种稻田甲烷和氧化亚氮排放影响均不显著，但表层覆水、土壤孔隙水和土壤pH均对甲烷排放的影响较显著，pH与甲烷排放量呈显著正相关关系，土壤孔隙水pH对养萍稻田氧化亚氮排放量影响显著，表层覆水和土壤pH对氧化亚氮排放量影响不显著。常规稻田表层覆水pH与甲烷排放量呈现极显著的正相关关系，而土壤孔隙水和土壤pH对常规稻田甲烷和氧化亚氮排放量影响均不显著。

稻田红萍可降低甲烷排放量，但同时却增加了氧化亚氮排放量（表3）。从综合温室效应来看，养萍稻田产生的二氧化碳为每亩234.2千克，常规稻田为每亩283千克，前者比后者低17.3%。因此，相对于常规稻田，养萍稻田释放甲烷和氧化亚氮所产生的综合温室效应较低。

表3　稻萍鱼体系对稻田水环境的影响

项　目	溶氧量	甲烷	氧化亚氮	杂草
影响效果	增加	降低	增加	减少

适量养萍可为甲烷转移与释放过程提供重要的通道，可能有利于甲烷排放，但当红萍密度较高时，占据整个稻田水面的红萍将阻碍稻田土壤产生的甲烷通过分子扩散和气泡扩散途径向大气释放，同时红萍光合作用生成的氧气可提高稻田水环境的氧化还原电位，促进扩散过程中的甲烷氧化，限制甲烷排放。红萍具有固氮功能，在生长过程中可以不断凋落分解，从而增加产生氧化亚氮的底物来源。养萍稻田和常规稻田的氧化亚氮排放量一直维持在较低水平，且变化范围不大，甚至出现了几次减少现象，这是由于稻田长期淹水，土壤处于极端还原状态，使土壤生成的氧化亚氮进一步还原为氮气，抑制了氧化亚氮的产生及排放。与此同时，红萍生长后期对稻田氧化亚氮排放的影响更为明显，这与其生长前期将大量的铵态氮吸收同化后储存于体内，生长后期将储存的氮释放出来，导致田面水中铵态氮浓度逐步回升，同时硝态氮浓度也明显增加有关。在7月上旬稻田排干时，养萍稻田和常规稻田均具有较高的氧化亚氮排放量，主要是由于水稻成熟前稻田长期处于淹水状态，土壤缺氧，氧化还原电位较低，氧化亚氮排放量较少，由于水稻成熟大田排干晒田，具备了有氧环境条件，提高了氧化还原电位，有利于土壤硝化反硝化反应同时进行，从而导致观测后期氧化亚氮排放量急剧上升。对稻萍鱼耕作制稻田的研究表明，稻田甲烷的排放量为1.71毫克/（米^2·时），比常规稻田减少3.02毫克/（米^2·时）。

(3) 抑制杂草生长。稻田中杂草与水稻争夺空间和养分，成为水稻的竞争者，养鱼后鱼食杂草，大大减轻了对稻田的养分消耗，鱼具有除草保肥作用。据调查，草鱼每日食草量为体重的30%～50%，一龄鲤鱼一昼夜可摄食杂草（种子）25克，可较好地抑制杂草生长。据水稻齐穗期调查，养鱼稻田杂草量0.095千克/米^2，常规稻田为0.272 5千克/米^2，每亩养鱼稻田比常规稻田可减少杂草133.4千克。

稻田杂草危害是影响水稻产量的主要因素之一，其除了与水稻争肥之外，还争空间、水分和阳光。严重时可使水稻减产10%～30%。稻田的中耕除草，除人工除草外，许多地方还大量使用化学除草剂，造成了较为严重的环境问题。研究表明，稻田养鱼对稻田杂草有良好的控制效应。栗浩文等的试验结果表明，在不使用除草剂的条件下稻田养殖草鱼，可有效防除稻田稗草、慈姑、眼子菜、水马齿、莎草等杂草。杜汉斌等研究证实，连年养鱼稻田不仅杂草鲜重减少，而且种类及数量也明显减少，原生长于稻田中的草茨藻、水筛、牛毛毡等恶性杂草也基本消失。赵连胜的研究发现，稻田养鱼可以去除有尾水筛、水车前、矮慈姑、金鱼藻等杂草；同时其研究还证实，鱼类的觅食活动一般可消灭田间74%～87%的杂草，草鱼比例大时可基本抑制杂草。廖庆民等直观验证，养鱼稻田稗草仅0.5株/米^2，而对照田稗草则达6.4株/米^2。另外还有研究显示，按照鱼苗除草杀虫新技术规程操作，除草效果可达到0.06株/米^2，优于农药除草。在水稻齐穗期调查，养鱼稻田杂草量仅为0.095千克/米^2，对照田则为0.272 5千克/米^2。稻田养鱼后，大大减轻了杂草对稻田的养分消耗，减少了化学除草剂的使用，减轻了对环境的污染，对绿色食品的生产有一定意义。

（三）社会效益

中国拥有全球1/5的人口，但人均耕地面积和可再生水资源仅为世界水平的1/10和1/4，而占中国主粮1/2的水稻和为中国提供大约1/3水产品的淡水养殖均依赖于短缺的耕地和淡水资源。据统计，2014年中国水稻种植面积45 735万亩，仅次于印度排在全球第二，中国同时也是全球最大的淡水养殖生产地。在中国历史上，水稻种植和水产养殖的结合有着悠久的历史并且受到极大重视，稻萍鱼体系使稻田增产增收，提高了农民收入。从社会效益看，稻田养鱼有利于区域生态环境的改善，促进绿色食品、有机食品的生产和人们身体健康，增加农民收入，加快农业结构调整和新农村建设。因此稻萍鱼体系是解决“三农”问题的有效途径之一，为我国尤其是山丘地区保障粮食安全和减轻贫困做出巨大贡献。稻萍鱼种养技术是改良低产稻田的有效途径，经济、社会和生态效益十分显著。